猫侦探的数学谜题

谁偷走了乳牛？

杨嘉慧 施晓兰 / 著
郑玉佩 / 绘

2

长江出版传媒　长江文艺出版社

目录

主 角 介 绍

猫儿摩斯

　　拥有一流推理能力和敏锐的数学逻辑头脑的猫侦探——猫儿摩斯登场喽! 每当森林里的小动物们遇到困难, 猫儿摩斯就会及时出现, 协助破解谜团。猫儿摩斯常常让爱贪小便宜的狐狸老板气得跳脚呢!

每个名侦探都有一位得力助手，偏偏助手猫儿花生有点迷糊，有时候会误导办案，甚至好几次把证物吃掉了！

猫儿花生

狐狸老板

在森林开商店的狐狸老板，生意头脑超级好，总是用一些谜题或盲点来大发黑心财！

计分牌里的数学

因为发生地沟油事件，大家都不敢到外面吃东西，所以狐狸先生也不卖吃的，改做新生意。

快来投篮喔！十分钟 10 元，十分钟投进 100 个球，送 10 元优惠券喔！

我投进了几个球？

23 个喔，没有优惠券，下次再努力吧！

狐狸老板，有人举报你使用地沟油做烧饼，请跟我去警局说明情况。

不可能，我进的原料都很安全。

如果是误会，马上就能回来了。

现在生意正好呀……

小羊、小兔，麻烦你们帮我记分，投进 100 个球，送一张 10 元优惠券。

这是计分牌和优惠券，等我回来，请你们吃布丁……

别忘了收钱喔，一次 10 元。

走吧。

换我投篮了。

好的，每次只有 10 分钟喔。

惨了，狐狸老板没有把所有的计分牌给我们。

对呀，怎么只有 1，2，2，5，10，10，20，50 这 8 张数字卡?

100 以内的数，都可以用这 8 张数字卡表达。

想想看，10 以下的数字可以用哪几张数字卡计分?

2

该不会是做加减计算吧?

$1+2$
$10-2$

说对了,你变聪明了喔。

我本来就不笨啊。

袋鼠小姐,你先试投3分钟。

好耶!

小羊、小兔,你们研究计分方法。

我来计时。

我要投了。

袋鼠小姐投进了9个球。

$9=2+2+5$,用2,2,5这三张数字卡就能计分了。

数学追追追

平时买卖东西，用的方法是将现有的几种钱币，做数字加减法后，付钱或找钱。

如果有客人拿500元到店里买了170元的东西，狐狸老板手中有200元和100元纸钞，以及50元、10元、5元和1元的硬币，每种钱币各要多少，狐狸老板才能顺利找钱给客人？

（答案请见61页）

花花的自动笔

松鼠花花把自动笔放在学校存物柜中，门上有密码锁。早上上学时，自动笔还好好的，放学后，却坏掉了！

早上我告诉猪小妹和小羊存物柜密码，请他们拿巧克力，放学后去看柜子，却发现我的笔坏了。

巧克力都被拿走了吗？

都拿走了。

问问他们，看是谁弄坏你的笔。

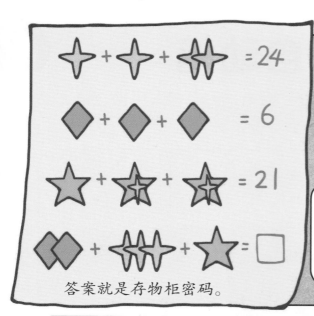

$$✦ + ✦ + ✴ = 24$$
$$◆ + ◆ + ◆ = 6$$
$$★ + ★ + ★ = 21$$
$$◆◆ + ✴ + ★ = ☐$$

答案就是存物柜密码。

这张是存物柜密码纸，花花说要送我和猪小妹巧克力，可是我还没去拿。

我原本想要中午去拿，但是老师找我，就没去拿了。

他们都没有拿走巧克力，那巧克力怎么会不见了，笔也坏掉了？

问问他们解出来的存物柜密码是多少。

我解出来是17。

答案是25。

看样子，只有一位能打开柜子。

我算出来的答案和小羊一样，该不会……

想一想，谁的答案错了？

6

只有猪小妹算出了正确的密码。

花花同学的密码图有几个小陷阱，小羊没看出来，猪小妹却发现了。

可是两盒巧克力都被拿走了。

对、对不起，是我说了谎，因为巧克力太好吃了，我不小心连小羊的巧克力也吃掉了。原本想留纸条道歉，看到自动笔，就顺手拿起来写字，没想到写到一半笔就坏掉了，我就……

这自动笔没坏呀！只是笔芯断了，我修好了。

花花的图有什么陷阱？我的答案怎么会错呢？

数学追追追

　　这次加法练习并不难，但很多人却解错答案，原因就在于题目暗藏陷阱。只有细心观察，才会得出正确答案。请问，下图的答案是多少？

$$🍌🍌🍌 + 🍌🍌🍌 + 🍌🍌🍌 = 21$$

$$🍌🍌 + 🌸🌸 + 🌸 = 12$$

$$🍌🍌🍌🍌 × 🌸🌸 = \text{?}$$

（答案请见61页）

03

抽纸牌、猜数字

狐狸老板打破狸猫小姐的花瓶，却责怪狸猫小姐乱放花瓶。两边越吵越大声，熊警长及附近居民都跑过来看发生什么事了。

把对齐的纸牌数字相减，再通通加起来，如果我猜对这个数字，我就不用赔钱，猜错就赔两倍的钱。

好！我拿这5张。

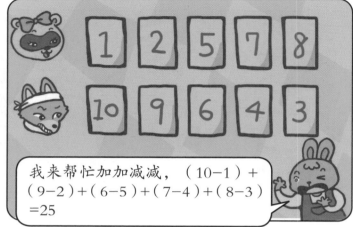

我猜是25！

1	2	5	7	8
10	9	6	4	3

我来帮忙加加减减，（10-1）+（9-2）+（6-5）+（7-4）+（8-3）=25

是25！完全正确。

那我不用赔钱了。

你作弊。

YA!

狐狸老板真的作弊了吗？

我这里有另一副1~20的数字牌，再玩一次吧。

等一等，这次请狐狸老板先抽牌，由狸猫小姐猜答案。这样才公平。

这……我不会猜呀！

好啊，我先抽牌。如果狸猫小姐猜对，我赔两倍的钱；猜错请狸猫小姐赔医疗费给我。

这是我抽的10张牌。

这10张给狸猫小姐。

这是我抽的数字牌，请警长保管好。

ok!

数学追追追

不管两人各拿到哪几张数字牌，十张牌做加减，最后得出来的式子都会变成：

10+9+8+7+6-5-4-3-2-1=25

如果是 1 ～ 20 的数字牌，得出来的式子就会是：

20+19+18+17+16+15+14+13+12+11-10-9-8-7-6-5-4-3-2-1=100

因此只要知道里头的规则，任何人都猜得出答案。

奇怪的密码锁

猫儿摩斯、猫儿花生和熊警长偷偷潜入大野狼诈骗集团的总部，却不小心掉进了陷阱……

1, 1, 2, 3, 5, 8, 13

只有输入正确的四位数字密码，门才会打开！

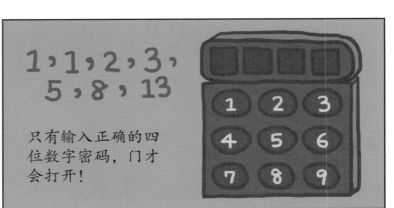

密码锁？

咦，老大，密码锁前面怎么有一排数字？

1, 1, 2, 3, 5, 8, 13

那是……我怕自己忘记密码而写上的提示，密码就是这些数接下来的两组二位数……

哈哈！感谢你的提示，我已经知道往下的两组数字了！

什么？你看出来了？

这些数字有什么玄机呢？

哈哈！这些数字其实是斐波那契数列……

你能找出这串数字的规律，破解大野狼的密码吗？

14

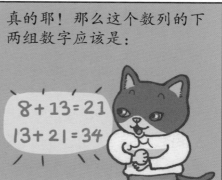

数学追追追

有规律的数列

把一些数字依序排在一起，就叫做"数列"，例如1，3，5，7，9……或是2，4，6，8，10……都是数列，而"斐波那契数列"也是相当著名的数列。观察数列，发现其中的规律，可以推测出没有写出来的数字，就像猜谜一样好玩，也是训练推理能力的好方法喔！

以下这些数列，你能不能找出它们的规律，并推测空格中应该填上什么数呢？

（答案请见61页）

谁偷走了乳牛？

一天清早，小羊、小兔到幸福牧场帮忙。他们来到牛舍，牧场主人正介绍他所喂养的乳牛。

这是我家的牛舍，一共有9间，正中间放草料，其他8间都有乳牛。你们算算，一共几头牛？

你这样数太慢了！

只要每一边的乳牛加起来都是9头，便表示一共有24头牛。

9头

9头

没错，每边都有9头牛！

18

小兔跟我数的状况不一样！

你和小兔分别说说自己怎么数的。

8间牛舍各住着3头牛，只要每边总和是9头，总数就是24头牛。

我就照着牧场主人的指示，数一数每边，看加起来是不是9头牛。

奇怪？牧场主人和小兔数的牛舍里的牛数目不一样！

我发现了！问题就在"每一边的乳牛加起来都是9头"！

小偷只要将中间牛舍的乳牛各移 1 头到四个角落，再从中间牛舍各牵走 2 头，这样便能维持每边加起来的数字为 9。

警长，那 4 头牛是我的。

别跑！

数学追追追

移动牛舍里的牛，会使每边加起来的乳牛数目不同。假如牧场主人希望每边加起来等于 8 头牛，这 24 头牛该怎么牵进牛舍呢？

随时更换牛舍里的牛数目，就不用担心小偷偷牵牛了。

（答案请见 61 页）

到金字塔大楼救小兔

小兔在公园玩耍时，灰狼找他聊天，聊着聊着，灰狼竟然强行抓走小兔，并把他推进车子。幸好，被小羊发现。

快来人啊！小兔被抓走了！

别叫了，我不会伤害小兔，把这张字条拿给大人。

小兔被灰狼抓走了，他只留了一张字条。

准备 10 包泡面、10 条巧克力、10 杯橘子果汁，到金字塔大楼赎回小兔。

他只是想吃东西吗？好奇怪？

我是灰狼的朋友，他这么做是因为有谣言说卖吃的给灰狼，会倒霉一整年。

谁造这种谣言？

我常帮他准备三餐，但是上星期我脚受伤，只好请他自己想办法。

只是因为想吃东西就把小兔绑走，真是太可恶了！

灰狼中午12点会出门办事，你们乘机去大楼救小兔吧，他被关在顶楼。

你怎么知道得这么多？

我不是共犯，灰狼跟我说的，我劝他投案，但他不肯。

大楼内部什么样子？

大楼有10间房、10道门，要到顶楼，得先知道10道门的密码。10道门的密码都不相同，我只记得4个数字。

密码有一套规则，3个相邻数字，上面的数字，等于下面两个数字相减。

$3 = 5 - 2$

$5 = 6 - 1$

$2 = 6 - 4$

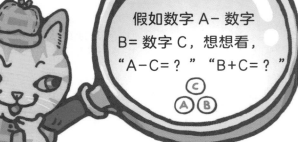

假如数字 A - 数字 B = 数字 C，想想看，"A - C = ？" "B + C = ？"

C
A B

数学追追追

如果 A、B、C 三个数字中，A－B＝C、A－C＝B、B＋C＝A，想想看，8，16，24 这三个数字，要怎么表示成上面三个算式？

（答案请见61页）

07

来买好吃的棒棒糖

假日的时候，广场有游园会，吃的、喝的、玩的，应有尽有，人山人海好热闹。小羊、小兔决定到那里卖棒棒糖。

好吃的棒棒糖喔！3根只要5元。

我的棒棒糖是2根5元，我们一起卖好吗？

可是价钱不同，怎么卖？

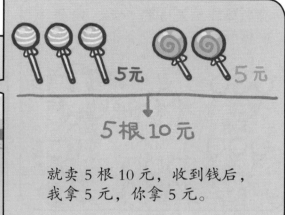

5元　　5元

5根10元

就卖5根10元，收到钱后，我拿5元，你拿5元。

好哇，我有12根棒棒糖。

我是18根，全部卖完，再来分钱。

来买棒棒糖喔，5根10元！

我要5根。

也请给我5根。

真气人，这么多人买棒棒糖，不买我的鲜花。

请给我 5 根棒棒糖。

好的。

终于卖完了，来分钱吧！

全部是 30 根。
30 根 =5 根 ×6 组，
全部卖完，一共赚 6 组
×10 元 =60 元。

我的棒棒糖是 3 根 5 元，12 根棒棒糖可以拿 4 组 ×5 元 =20 元

5元

4×5 =20元

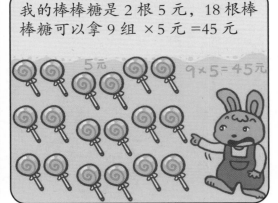

我的棒棒糖是 2 根 5 元，18 根棒棒糖可以拿 9 组 ×5 元 =45 元

5元

9×5 =45元

我们只赚 60 元，我拿 20 元，你拿 45 元，还少 5 元，哪里算错了？

想想看，一组有 5 根棒棒糖，卖到第几组，小羊的棒棒糖已经全卖完了？

棒棒糖真好吃，你们遇到什么困难了？

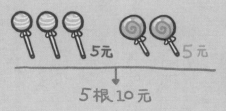

小羊的棒棒糖是3根5元，我的是2根5元，我们合起来卖5根10元。

我有12根，应该拿到20元。

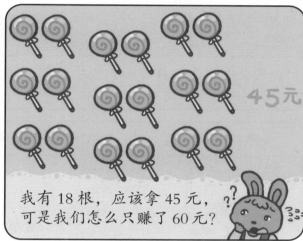

我有18根，应该拿45元，可是我们怎么只赚了60元？

原来是这么回事呀。合起来卖5根10元，这一步没错。

这步没错，肯定有一步错了。

错就错在卖完20根后，小羊的棒棒糖已经全部卖完了，接下来的10根，全部都是小兔的。

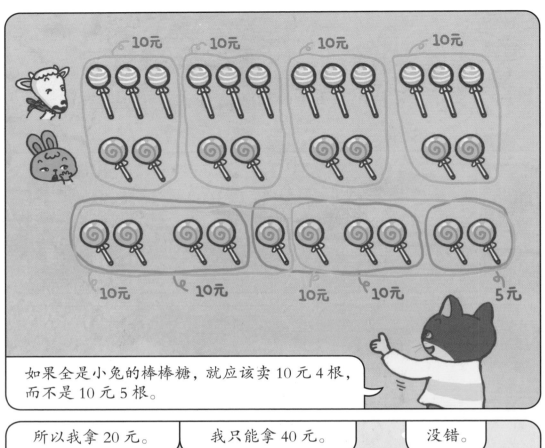

如果全是小兔的棒棒糖，就应该卖 10 元 4 根，而不是 10 元 5 根。

所以我拿 20 元。

我只能拿 40 元。

没错。

数学追追追

　　一起卖棒棒糖和分开卖棒棒糖，赚的钱之所以不同，是因为小羊的 12 根棒棒糖只能拆成四组卖，而小兔的 18 根却可以拆成九组。假如小羊有 18 根棒棒糖，小兔有 12 根，同样卖 5 根 10 元，分开卖和一起卖所得到的钱，会一样吗？

（答案请见 61 页）

香蕉博士的烦恼

08

香蕉博士经营的香蕉专卖店很受欢迎，店里的香蕉不但香甜，而且价钱不贵。

香蕉博士，香蕉要怎么挑选啊？

这简单，要看香蕉的颜色。

如果不是马上吃，就挑外皮带点绿色的香蕉。

现在要吃，就拿略带褐色斑点的香蕉。

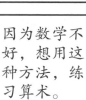

我将香蕉分成 1，3，5，7，9，11 根，可以根据需求挑选。

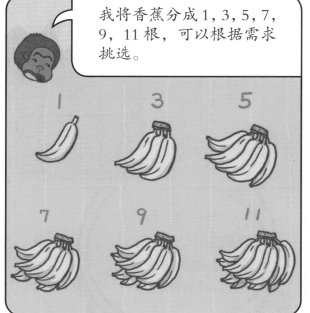

每串香蕉的根数，怎么都是奇数？

因为数学不好，想用这种方法，练习算术。

我要买六袋香蕉送人，每袋香蕉数都不同。

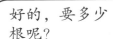
好的，要多少根呢？

第一袋：1 根
第二袋：4 根
第三袋：9 根
第四袋：16 根
第五袋：25 根
第六袋：36 根

这是我要的数量，你慢慢算吧，我不急。

好难喔，要怎么装袋呢？

先来玩个游戏，就知道怎么解题了。

边玩边学数学，听起来很棒。

这里有个糖果盒，上面有 6×6 个凹洞。

我手上有六种颜色的糖果，每种颜色的个数依次是 1，3，5，7，9，11，每人拿一种颜色。

拿好之后，我先把第 1 颗糖果放到左上角，现在糖果总数是 1 颗。

$1 = 1 = 1 \times 1$

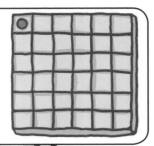

想一想，糖果的个数按 1，3，5，7，9，11 的顺序放上去，总数会是什么？

该我了，我加了 3 颗糖，现在共有 4 颗糖果。

$$1 + 3 = 4 = 2 \times 2$$

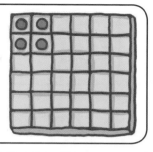

我放 5 颗，糖果数变成 9。

$$1 + 3 + 5 = 9 = 3 \times 3$$

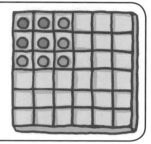

增加 7 颗后，糖果数等于 16。

$$1 + 3 + 5 + 7 = 16 = 4 \times 4$$

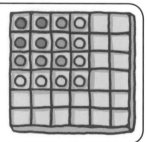

再放 9 颗糖果，总数是 25。

$$1 + 3 + 5 + 7 + 9 = 25 = 5 \times 5$$

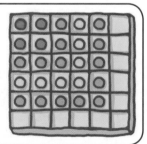

最后 11 颗全放上去，糖果数变成 36。

$$1 + 3 + 5 + 7 + 9 + 11 = 36 = 6 \times 6$$

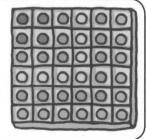

有没有发现，奇数连续相加，会得到两个相同数的乘积？

现在我知道怎么给狐狸老板装香蕉了。

第一袋：1 根 →

第二袋：4 根 →

第三袋：9 根 →

第四袋：16 根→

第五袋：25 根→

第六袋：36 根→

数学追追追

　　将奇数连续相加，得到的答案等于两个相同数的乘积，这个数学算式是 2600 年前，数学家毕达哥拉斯与他的学生们发现的。漫画只加到 11，若继续往下加，会得到什么结果？请计算以下式子，看看它们等于哪两个相同数字相乘？

A.1+3+5+7+9+11+13=_____ = _____ × _____

B.1+3+5+7+9+11+13+15=_____ = _____ × _____

C.1+3+5+7+9+11+13+15+17=_____ = _____ × _____

（答案请见62页）

鸭声罗苹的预告信

警局收到一封大盗鸭声罗苹寄来的盗窃预告信，熊警长正烦恼如何破解预告信上的题目。

> 听说大盗鸭声罗苹要来偷东西？

> 是啊，他总是能成功偷走昂贵的珠宝，不知该如何阻止窃案发生呀。你们看，这是他的预告信。

我将在 2 月 A 日晚上 B 点 C 分 D 秒，到 Top 精品店，取走一件饰品。

给个小提示：
❶ 将 4 拆解成多个相加等于 4 的正整数。分别把每个正整数相乘，得到最大乘积，就是 A。
❷ 用同样方法，算出 5，6，7 的最大乘积，就是 B、C、D。
一定要找到我唷！

鸭声罗苹

> 不难嘛！我来示范解法。4 等于多个正整数相加，有这几种可能：

$$4=1+1+1+1$$
$$=1+1+2$$
$$=1+3$$
$$=2+2$$

把式子的加号全部换成乘号"×"，计算相乘的结果，看看哪个数值最大，就是 A。

算出来了！

4=1+1+1+1
　=1+1+2
　=1+3
　=2+2

加号换乘号

1×1×1×1=1（最小）
1×1×2=2
1×3=3
2×2=4（最大）

这一题"最大的乘积"是 4，也就是"A=4"。

A = 4

2 月 4 日 晚上 B 点 C 分 D 秒

用同样的方法，分别将 5，6，7 拆成多个正整数，再相乘，就知道窃案时间喽！

每个数字都能拆成好几组等式，要算很久吧？

有个小技巧，加数由多个 2 或 3 组成，能得到比较大的数字喔！

2，3

加数全部是 1，将 1 相乘，得到的会是最小还是最大呢？

2 月 4 日 晚上 6 点 C 分 D 秒

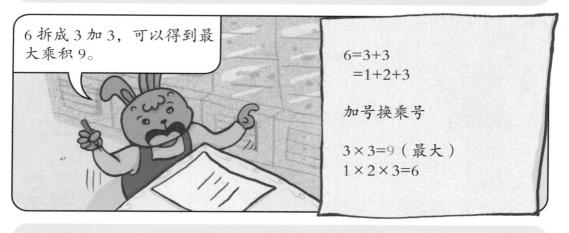

2 月 4 日 晚上 6 点 9 分 D 秒

2 月 4 日 晚上 6 点 9 分 12 秒

数学追追追

5，6，7 的拆法，除了漫画所列的两组加法等式，还能怎么拆成多个正整数相加？

（答案请见62页）

狐狸老板的青草茶

狐狸老板捡到一份青草茶的配方，试卖之后，大家都说好喝，纷纷来买，生意越做越好。

各位，你们替我想想办法。

如果一次倒 5 升，一次倒 3 升，加起来就是 8 升。

5+3
↓
8升

若将 5 升青草茶倒入 3 升的勺子，便剩 2 升青草茶了。

5−3＝2升

这样狐狸老板能卖的升数除了 3，6，9，5，10，15，还有 2 和 8。

3·6·9
5·10·
15·2·
8

那我的 1 升青草茶，怎么办？

1升？

谁想到了，我请他喝青草茶。

很难吧。

猫儿摩斯应该有办法。

久等了～

试试把 3 及 5 排列加减，看能不能得到 1，4，7。

我想到了！ 3−5+3=1

我也想到一个：
5−3+5−3＝4

小羊与小兔想出的算式，真的可以舀出 1 升的青草茶吗？

我们先把算式改成：
3+3−5=1；
5+5−3−3=4。
就可以喽！

这样要怎么倒呢？

我想喝青草茶啦！

"3+3−5=1"，用3公升的勺子装两次青草茶，并倒5升的青草茶回桶子里。

❶取3升青草茶。

❷将青草茶倒入5升的勺子。

❸再取3升青草茶。

❹把5升的勺子倒满，3升勺子里就剩1升的青草茶了。

耶！我有青草茶喝了！

让我试试"5+5−3−3=4"。把5升青草茶倒入3升勺子，还剩2升，该怎么办？

把装满 3 升青草茶的勺子倒回桶子，再把剩下 2 升的青草茶倒入 3 升的勺子。再把 5 升的勺子装满，倒满 3 升的勺子。

已经解决狐狸老板的问题，该请猫儿摩斯喝杯茶了。

这样 5 升的勺子里就有 4 升的青草茶了。

好的，我这就去倒。

数学追追追

用勺子量水的游戏，虽然要不停地取水、倒水，但是只要运用基本的加法和减法就可以完成。其实可以想想，3 和 5 的倍数有哪几个相减会等于 1？

例如：
10（5×2）和 9（3×3）差 1，
5 和 6（3×2）也差 1，
所以可以列出两个式子：
- 5+5-3-3-3=1
- 3+3-5=1
两个方法都能得到 1 升。

今天的青草茶怎么淡淡的，没味道？大家不要买了。

11

玩大风吹，抢折价券

下个月是蛙蛙早餐店开业五周年纪念，青蛙太太正烦恼如何办活动。

可以请大家帮我想周年庆活动吗？

我记得你去年是以抽签的方式，送优惠券。

这次除了优惠券，还想送一名幸运儿 50 元现金。

那就再用抽签的方式啊。

我今年想办个团建活动，聚集人气。

来玩大风吹，如何？

好呀！我最爱玩大风吹了。

这个比抽签有趣。

要怎么进行大风吹？

你店里有几张椅子？

16 张。

那一开始先让客人抢坐16张椅子，抢到的人，可以得到1张优惠券。

那50元现金要怎么送出去？

游戏还没结束呢。16位客人继续玩第二轮游戏，这回是抢坐8张椅子，抢到椅子再得1张优惠券。

第二轮椅子数由16变成8，减少一半了。

没错！第三轮游戏再拿走一半的椅子，剩4张。以此类推。游戏进行到最后，会剩一张椅子，谁抢到了，就能获得50元现金。

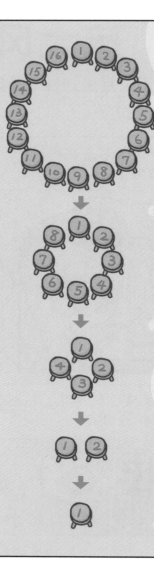

原来偶数减半很多次之后，会得到1。

不是所有偶数减半都能得到1喔。

想想看，6，10，12，14的一半是偶数还是奇数？

如果一开始的椅子数是 6，10，12 或 14，游戏进行到最后，无法得到 1 喔！

我来算算看。

6 减半 ▼ 3

10 减半 ▼ 5

14 减半 ▼ 7

不能再分一半了。

12 减半 ▼ 6

6 再减半 ▼ 3

也不能再分了。

为什么 16 可以？

因为 16 藏了很多个 2。

你们看这四个式子，发现什么了吗？

每个式子都是乘以 2。

① $1 \times 2 = 2$

② $2 \times 2 = 4$ （将式子①得到的答案乘以 2）

③ $4 \times 2 = 8$ （将式子②得到的答案乘以 2）

④ $8 \times 2 = 16$ （将式子③得到的答案乘以 2）

四个式子的答案分别是 2，4，8 和 16，与游戏的椅子数量一样。

16 减半▼8　🪑🪑🪑🪑🪑🪑🪑🪑🪑🪑🪑🪑🪑🪑🪑🪑

8 再减半▼4　🪑🪑🪑🪑🪑🪑🪑🪑

4 再减半▼2　🪑🪑🪑🪑

2 再减半▼1　🪑🪑

没错，16 是经过特别计算的，所以持续减半，最后一定得到 1。

接下来只要准备 30 张优惠券（16+8+4+2=30）和 50 元现金就大功告成了。

数学追追追

在体育竞赛中，经常用减半的方法产生冠军。例如 4 支棒球队进行比赛，规则是两两相比，输的淘汰，赢的晋级。第一轮比赛结束，会有两支球队遭淘汰，另外两支球队继续比赛，而赢得最后胜利的球队，便是冠军。

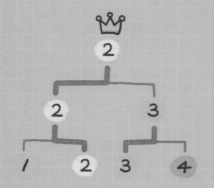

12

动手玩的九九乘法

今天下午，小羊、小兔相约一起背《九九乘法表》。

7，7……46，不对，是、是……

$7 \times 7 = 46$

是49。

《九九乘法表》真难背，表上的2,3,4背熟了，数字大的都背不熟。

数字大的，可以用点技巧玩出答案喔！

玩九九乘法？怎么玩？

我玩一遍给大家看，你们出题。

$8 \times 9 = ?$

那……8×9。

好！仔细看我的手套，左、右两手一共伸出几根手指头？

一手3根、一手4根，一共7根！

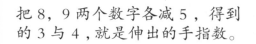

把 8，9 两个数字各减 5，得到的 3 与 4，就是伸出的手指数。

再数数看，两手各有几根手指头弯起来？

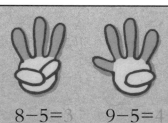

8−5=3　　9−5=4

一手弯 2 根，一手弯 1 根。

2×1 是多少？

2×1 得 2。

左、右手指伸直的数字和乘以 10，加手指弯曲数的乘积，就是答案了！

$$8 \times 9 = (7 \times 10) + (2 \times 1) = 70 + 2 = 72$$

+

3+4=7 → 7×10=70

2×1=2

8×9 是 72，答对了！

哇！好神奇喔！

用手指算算看，6×8 等于多少？

该不会是巧合？

那再玩一遍。这次算 6×8，看看是不是等于 48。

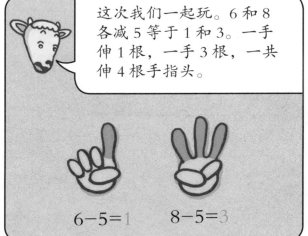

这次我们一起玩。6 和 8 各减 5 等于 1 和 3。一手伸 1 根，一手 3 根，一共伸 4 根手指头。

6−5=1　　8−5=3

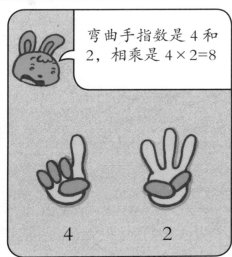

弯曲手指数是 4 和 2，相乘是 4×2=8

4　　2

计算结果是 48。

$6 \times 8 = （4 \times 10） + （4 \times 2） = 40 + 8 = 48$

1+3=4 → 4×10=40　　　　+　　　　4×2=8

这回也对了！

很好用吧？如果忘记乘法表上的乘积，可以试试这个方法喔！

太好用了！我要把这个数学公式，记在我的笔记簿上。

（两手伸直指头数相加 × 10）
+（两手弯曲指头数相乘）= ?

记得先将数字减掉5后，再进行计算喔！

数学追追追

　　漫画介绍的方法，只能用在两个相乘数字介于 5 ～ 9 之间，若乘数是 1 ～ 4，则不适用。

　　此外，计算 5×6，6×7，5×8，6×6 等式子时，要留意弯曲手指相乘的结果等于 10 或比 10 大。

　　例如计算 5×6，伸直的手指数是 0+1=1；弯曲手指数相乘是 5×4=20，5×6=（0+1）×10+（5×4）=30。

　　请算算看 6×7，5×8，6×6 等式子的答案是多少？

（答案请见62页）

水果卖多少钱？

水果店老板出国旅游，临时找一名店员帮忙看店。

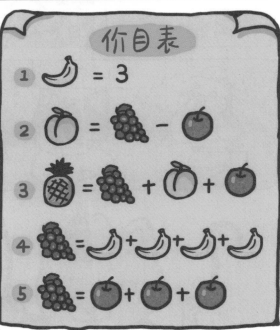

13

老板平时喜欢画画，常以图案代替写字。

我看懂了。

第一个算式是指香蕉一根 3 元。

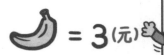 = 3 (元)

第二个算式是指一颗桃子的售价等于一串葡萄的售价减一颗苹果的售价。

好难啊。

我算不出来，怎么办？

只要给我介绍费，我可以请猫儿摩斯帮你解决。

我还没拿到薪水，只能请你们吃卖相不佳、却很好吃的水果。

那就算了。

别逗他了，我们马上来算答案。

先将香蕉用 3 元替换，接着找出与香蕉有关的算式。

50

老板只说一根香蕉3元，其他水果呢？

 = 3（元）

看第四个算式，一串葡萄和四根香蕉的售价一样。

一根香蕉3元，四根香蕉是12元，所以一串葡萄是12元。

葡萄一串12元，三颗苹果也是12元。

$$12 = 4 + 4 + 4$$

这样一颗苹果是4元。

我知道桃子的价钱了，一颗8元。

菠萝最贵，是24元。

数学追追追

解开带有多个未知数的问题，一般会先算容易解、未知数较少的算式，再一步步推算其他未知数。水果店老板有另一张价目表，请算出樱桃、西瓜、番石榴的售价各是多少元？

樱桃 + 樱桃 + 樱桃 = 18

西瓜 + 3 = 18

樱桃 + 樱桃 − 4 = 番石榴

（答案请见62页）

下午，狐狸老板订购的货品送来了，但是却遇到大麻烦。

不好意思，你的货物和另一位客户的货物混在一起了。

那快打电话回公司确认啊！

负责装箱、编号的小姐出差了，我只知道货物的编号有关联。

把箱子拆开来看里面装什么，不就知道了。

不行啦，拆顾客的箱子，我会被炒鱿鱼啦！

让我看一下货物的箱子。

好哇，但是箱子全长得一样。

猫儿摩斯该不会想用鼻子，闻出狐狸老板的货物？

狐狸老板，你是订7箱，还是3箱货物？

7箱啊。

你怎么知道分成7箱和3箱？我一共送10箱货物，7箱是狐狸老板的。

从编号看来的，货物的编号共分成两类。

这些编号是：
108，810，896，689，619，916，986，101，181，818。

我看不出来这些编号有什么关联啊？

我做了十张纸卡，每张纸卡代表一个货物编号，请大家任意抽两张，我们来玩旋转游戏。

我抽到896，986。

现在请将纸卡旋转半圈，然后看看有什么变化？

想一想，数字旋转后，哪些数值会变，哪些不会变？

54

把旋转后数值改变的纸卡交给我。

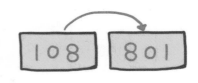
你是指 108 旋转半圈后，会变成 801 吗？

108 → 801

那我的数值也变了，896 转半圈后，会变成 968。

896 → 968

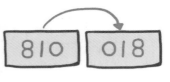
810 转半圈后，变成 018。

810 → 018

我和送货先生的纸卡，怎么都没变？

没错。

只有 896，810 和 108 转半圈后，值会改变。

 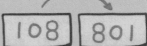

896 → 968   810 → 018   108 → 801

其他七个数，不管怎么转，值都不会改变。这七箱，应该就是狐狸老板的货物了！

狐狸老板货物的编号，全是旋转后值不变的"对称数"。

怎么转都不变，好有趣喔！

终于能顺利送货了。

没错，这七箱是我订的东西。

数学追追追

旋转后值不变的"对称数"，可由 0，1，8 以及 6，9 构成。利用 0，1，8 自己旋转，值不改变，以及 6 和 9 互相旋转值不改变，便能组合出多组不管怎么旋转值都不改变的数字。"对称数"从 1 位数到多位数都有可能，例如公元 1961 年便是一个翻转不变年的对称数。

请想想看，下列哪个年份，不是旋转不变年？

① 1691　② 6699　③ 1881　④ 1801

（答案请见62页）

时钟的把戏

昨天深夜，某种动物闯进小猪的果园，偷吃他种的水果……

哇！我的果园完蛋啦！

小偷吃掉了好多水果！

看来小偷块头很大，动作粗鲁……

这里发生偷窃案了吗？

哇！我的果树！

先请熊警长寻找嫌疑犯吧！

你看起来最可疑！

不是我！我最讨厌吃蔬菜和水果了！

最后，找到犀牛、大猩猩和大象三个嫌疑犯。

我是冤枉的！

妈！我要回家！

我才没有偷水果。

他们三个都说自己是被冤枉的，这可怎么办？

别急，先问问他们昨天晚上在哪里吧！

昨天晚上我们在睡觉呀！

你们是什么时候上床睡觉呢？当时钟表的长针和短针指向什么位置？

我去睡觉的时候，长针和短针刚好重叠，指向 10 和 11 之间。

我去睡觉时，长针和短针刚好重叠，指向 11 和 12 之间。

我去睡觉时，长针和短针刚好重叠，指向 12 点。

你们说的时刻根本不清楚！

没关系，警长，从他们的话里，我已经知道谁在说谎了。

对不起！我们不太会看时钟。

哦？真的吗？

找一个时钟，转一转时针和分针，你就会知道谁在说谎。

时针和分针根本不可能在 11 点和 12 点之间重叠！

什么？怎么可能？

我明白了，大猩猩说谎！

那大象和犀牛也说谎喽？

他们的说法都没有问题。

12 点整，长针和短针会重叠在一起。

每当长针走完一整圈，回到 12，短针只会前进五小格。

例如 1 点整、2 点整、3 点整。

长针比短针快，所以长针每走完一圈就会追上短针一次。

就像这样！

为什么短针和长针在 11 点和 12 点之间不会重叠呢？

因为 11 点之后，长针再追上短针是 12 点整呀！

所以短针和长针不可能在11点和12点之间重叠的。

这下你该认罪了吧!

呜呜，都是因为我不会看时钟，才会露出马脚!

啊，点心时间到了!

等我吃完点心再认罪吧!

说到吃的，你就很会看时间了!

唉……真是贪吃!

数学追追追

你会看时钟吗? 时钟上有 60 个小格，每 5 小格是 1 个大格，共有 12 个大格。

长针走 1 小格代表时间过了 1 分钟，短针走了 1 个大格代表时间过了 1 小时。

当长针走了 1 整圈，短针会走 1 大格，代表 1 小时等于 60 分钟。现在请看看右边的时钟，你能找出哪个时钟有问题吗?

( )　　( )　　( )

对的打○，错的打 ×。

时钟真是最厉害的魔术师。

哈哈，不要被长针和短针给骗了!

（答案请见 62 页）

解 答

第 4 页

500−170=330
- 方法 1：
  200 元纸钞 1 张，100 元纸钞 1 张，10 元硬币 3 个。
- 方法 2：
  200 元纸钞 1 张，100 元纸钞 1 张，10 元硬币 2 个，5 元硬币 1 个，1 元硬币 5 个。

（答案仅供参考）

第 8 页

36。
1 根香蕉 =3
1 朵花 =2

第 16 页

1 9 2 8 3 7 4 6
15 14 12 11 9 8 6 5
10 13 16 19 22 25 28

第 20 页

第 24 页

24−8=16，
24−16=8，
8+16=24（或 16+8=24）。

是一样的。
分开卖，小羊赚 30 元，小兔赚 30 元，共赚 60 元；合起来卖，一共赚 60 元。

第 28 页

你答对了吗？

解 答

第 32 页

A. 49=7×7
B. 64=8×8
C. 81=9×9

6×7=42
5×8=40
6×6=36

第 36 页

5=1+1+1+1+1
=1+1+1+2
=1+1+3
=1+4

6=1+1+1+3
=1+5
=2+2+2
=2+4

7=1+2+2+2
=1+6
=2+5
=3+4

（仅提供部分答案作参考）

第 48 页

第 52 页

 = 6 元

 = 15 元

 = 8 元

第 56 页

④ 1801

（ ○ ）　（ × ）　（ ○ ）

第 60 页

折纸游戏

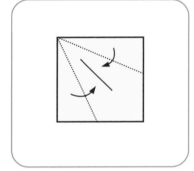

1. 沿虚线折叠。

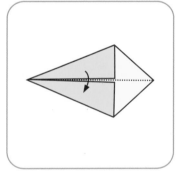

2. 沿虚线对折。

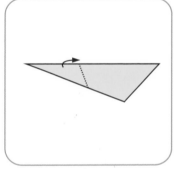

3. 沿虚线向上翻折。

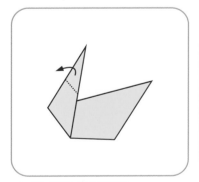

4. 沿虚线向下翻折。

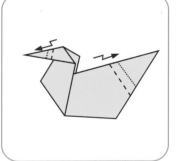

5. 沿虚线曲折出头部
   和尾部。

完成图

图书在版编目（CIP）数据

猫侦探的数学谜题. 2，谁偷走了乳牛？ / 杨嘉慧，
施晓兰著；郑玉佩绘. -- 武汉：长江文艺出版社，
2023.7
ISBN 978-7-5702-3036-5

Ⅰ.①猫… Ⅱ.①杨… ②施… ③郑… Ⅲ.①数学—
少儿读物 Ⅳ.①O1-49

中国国家版本馆 CIP 数据核字(2023)第 053928 号

项目合作：锐拓传媒 copyright@rightol.com

著作权合同登记号：图字 17-2023-117

猫侦探的数学谜题. 2，谁偷走了乳牛？
MAO ZHENTAN DE SHUXUE MITI. 2，SHUI TOUZOULE RUNIU？

责任编辑：毛劲羽　　　　　　　责任校对：毛季慧
装帧设计：格林图书　　　　　　责任印制：邱　莉　胡丽平

出版：长江出版传媒　长江文艺出版社
地址：武汉市雄楚大街 268 号　　　邮编：430070
发行：长江文艺出版社
http://www.cjlap.com
印刷：湖北新华印务有限公司

开本：720 毫米×920 毫米　　1/16　　　印张：4.25
版次：2023 年 7 月第 1 版　　　2023 年 7 月第 1 次印刷

定价：135.00 元（全六册）